FOSSÆ MARIANÆ.

FOSSÆ MARIANÆ

OU

RECHERCHES

SUR

LES TRAVAUX DE MARIUS

AUX EMBOUCHURES DU RHONE

PAR

ALFRED SAUREL,

Lauréat et Membre de plusieurs Sociétés savantes et littéraires.

MARSEILLE

TYPOGRAPHIE-ROUX, RUE MONTGRAND, 12.

MDCCCLXV

PRÉFACE.

Le mémoire que je livre aujourd'hui au public avait été écrit en partie pour être imprimé à la suite de mon *Histoire de Martigues et de Port-de-Bouc*. Mais ayant reconnu qu'en le publiant ainsi, je faisais perdre à ma notice historique le caractère d'unité que je pouvais lui conserver, je laissai mon manuscrit inachevé, me réservant de le reprendre plus tard.

L'occasion d'y mettre de nouveau la main ne tarda pas à se présenter. Au mois de mai 1863, moment de l'organisation de l'exposition régionale, agricole et industrielle de Nimes, le Préfet du Gard faisait un appel aux écrivains des départements de la région Sud-Est de la France et les engageait à envoyer au concours scientifique et littéraire de Nimes leurs ouvrages manuscrits.

Je crus devoir répondre à cet appel et, complettant ce mémoire par plusieurs documents que j'avais d'abord élagués à cause de leur sécheresse, je l'adressai à la préfecture des Bouches-du-Rhône pour être transmis au préfet du Gard : M. le baron Dulimbert.

La commission du concours se montra bienveillante pour moi, puisque cet ouvrage obtint la première médaille d'or.

Peu de temps après, la Société de Statistique de Marseille à laquelle je présentai le même mémoire, en vota, à titre de récompense, l'impression dans le Répertoire de ses travaux et c'est à elle que je dois son apparition au jour.

Et maintenant, me pardonnera-t-on de transcrire une partie du rapport de la commission littéraire de Nîmes qui fut chargée d'examiner les ouvrages envoyés au concours ?

Le jugement de cette commission sera-t-il ratifié par le public ?

J'ose l'espérer.

A. Saurel.

Lorient, janvier 1865.

CONCOURS

DES SCIENCES ET DES LETTRES.

Rapport de la commission chargée d'examiner les ouvrages envoyés au concours.

La commission des sciences et des lettres a constaté avec plaisir que l'appel fait aux amis de la littérature, aux poètes et aux prosateurs, aux philosophes et aux savants, a été entendu et compris.

C'était une heureuse innovation de demander à nos régions, en même temps que les résultats de l'industrie et de l'agriculture, les produits de l'intelligence ; d'appeler au concours les efforts désintéressés de l'étude ; de proclamer enfin que les pures et curieuses recherches de la science, les inventions des poètes et les méditations des philosophes auraient leur mérite et leurs prix, à côté des inventions les plus utiles et des perfectionnements les plus ingénieux de l'industrie.

L'épreuve a réussi, et bien que le concours ait été ouvert trop tard pour provoquer la naissance d'œuvres toutes nouvelles, toutes originales, et composées en vue de l'exposition de Nîmes, nos intelligentes et fécondes contrées, *fecunda viris et ingeniis*, nous ont prouvé que, même prises à l'improviste, elles sont toujours prêtes à de semblables luttes, et que la patrie des troubadours est fidèle à ses origines.

Parmi les très nombreux ouvrages que la commission a examinés, elle place en première ligne un savant et curieux mémoire qui, sous le titre de ***Fossæ Marianæ***, présente une étude intéressante et originale de ces fameux travaux de Marius sur les bords du Rhône, dont les débris nombreux, mais fort mutilés, sont, plus qu'aucune autre grande ruine antique, livrés aux discussions des archéologues. Le pays désert et malsain où ils se rencontrent éloigne les investigateurs. M. Saurel, obligé par ses fonctions à résider dans cette triste région, les a plus longtemps et mieux étudiés que personne jusqu'à nos jours.

Il a retrouvé les traces certaines des trois camps établis par les soldats de Marius, sur le seul point de la côte où quelques monticules pouvaient les protéger, au fond de trois baies différentes, offrant des eaux assez profondes et un abri suffisant aux navires de transport venant de Rome et de Marseille, alors alliés des Romains, mais alliés peu sûrs. M. Saurel a étudié d'une façon toute particulière la profonde tranchée, appelée encore aujourd'hui ***Fossæ Marianæ***, qui, partant du Galéjon, longeait la côte orientale du Rhône jusqu'à un point indéterminé du fleuve, pour en détourner le cours, et établir une communication constante entre le Rhône et la mer, quand les graviers et la vase fermaient les embouchures à la navigation. D'après un passage de Plutarque, on croit généralement que ce canal latéral n'a été exécuté que pour l'approvisionnement des camps romains. M. Saurel ne pense pas qu'il en soit ainsi : « Comment croire, dit-il, que Marius, qui avait la facilité par l'heureux emplacement de ses camps, de faire arriver de Marseille, et surtout de Rome, toutes les choses nécessaires à ses soldats, pût songer à se les procurer de l'intérieur, où se trouvait l'ennemi, et chez des peuples qui tendaient constamment à secouer la domination romaine ? » — « Tout en exerçant ses » soldats au maniement des armes, il pensa qu'il pouvait rendre » de grands services à la République, en employant utilement » tant de bras qui étaient à sa disposition ; c'est dans ce des- » sein qu'il fit tracer des routes, fonder des villages, bâtir des » forteresses, établir des magasins, défricher des terres » (1).

Ce canal, qui pouvait être un jour fort utile aux Romains pour communiquer dans l'intérieur de la Gaule, fut l'un de ses travaux, et sans doute le plus considérable. M. Saurel va plus loin : il rappelle que les Massaliotes avaient un intérêt puissant à faire remonter le Rhône aux objets de leur commerce, et la navigation du Rhône était souvent interrompue. Marius, de son côté, avait intérêt de ménager Marseille, à rattacher par de grands avantages la capricieuse cité à la politique romaine. N'a-t-il pas eu surtout pour but, sans l'avouer, d'obtenir ce résultat en faisant creuser le canal ?

M. Saurel a encore étudié avec beaucoup de soin une construction très solide établie en arcades, parallèlement au rivage, sur une longueur de cinq kilomètres, avec cinq mètres de largeur ; il démontre que cette masse imposante, prise à tort pour un aqueduc, était une chaussée, conduisant du golfe de Fos à l'étang d'Engrenier, à travers un marécage peu viable. Notre investigateur s'étonne cependant en voyant cette chaussée se terminer subitement avant d'atteindre la terre ferme qui semblait naturellement devoir lui servir de culée. — Or, les anciens ports romains, situés sur les côtes occidentales de l'Italie, sont garantis du côté de la mer par des constructions analogues ; par exemple, le prétendu pont de Caligula dans le port de Pouzzole qui, lui aussi comme la chaussée de Marius, se termine loin du bord opposé. M. Saurel pourrait voir s'il n'a pas existé, dans ces temps reculés, entre la chaussée de Marius et la terre ferme, une petite rade qu'on aurait voulu ainsi protéger contre les ensablements.

En résumé, si le mémoire de M. Saurel ne résoud pas d'une manière définitive la question qu'il soulève, il les éclaire d'une vive lumière ; il est écrit d'ailleurs avec netteté et même avec élégance.

Nous demandons pour cet intéressant travail une médaille d'or.

. . . .

Nîmes, 7 août 1863.

Pour la commission :

Le Président, Léonce Maurin.

Le Secrétaire, Brétignère.

(1) Statistique des Bouches-du-Rhône, II, 251.

FOSSÆ MARIANÆ.

I

Au nombre des communes du département des Bouches-du-Rhône que leur position géographique met en dehors du mouvement qu'imprime la création des lignes ferrées, il en est une, plus perdue que les autres au milieu des marais et des étangs, qui semble destinée à végéter longtemps encore comme elle a végété jusqu'à ce jour.

Cette commune n'attire les sympathies de personne et, n'étaient les liens administratifs qui rattachent aujourd'hui le plus simple hameau au plus orgueilleux chef-lieu d'un même département, personne ne s'occuperait de ses besoins et de ses ressources.

Cette commune est celle de Fos, canton d'Istres, arrondissement d'Aix.

A deux kilomètres environ de la mer, au fond du golfe formé par les embouchures du Rhône, à l'ouest, et la Tour de Bouc, à l'est, s'élève un mamelon environné de tous côtés par des marais ou des étangs salés. Le canal de navigation d'Arles à Bouc, creusé entre ce mamelon et la mer, augmente encore par la longueur de ses berges et la tranquillité des ses eaux la tristesse de cette solitude. De loin en loin, une voile triangulaire, gonflée par la brise du large, se montre, court et disparaît au plus vite, comme si elle craignait de s'attarder en ces lieux; ou bien, si un vent contraire empêche l'allége arlésienne de profiter de sa voile, on voit les chevaux *camargues* attelés pour la remorquer, hâter le pas au bruit du fouet qui les excite.

Quelquefois une *penelle* lourdement chargée de houille ou de joncs de marais se traine péniblement, tirée par des hommes ou des bêtes de somme et se cache derrière les tamaris qui sur quelques points bordent le canal. Le mouvement ne se montre que par intervalles éloignés et le bruit de la voix ou de l'industrie humaines ne se fait entendre qu'à regret. Le mugissement de la mer, le roulement des vagues qui déferlent sur la plage font seuls retentir l'air, le long de cette côte abandonnée.

Les remparts à demi ruinés qui entourent la partie supérieure du village et dont chaque jour fait tomber une pierre couronnent le sommet de ce mamelon dont la formation toute particulière ne ressemble en rien à celle des montagnes qui se trouvent de l'autre côté de l'étang de *l'Estomac*. L'œil le moins exercé reconnait dans ces vieux pans de murailles le repaire d'un de ces personnages rapaces et batailleurs qu'on désignait jadis sous le nom de *Seigneurs* et on s'applaudit de voir les descendants des malheureux villageois que la peur avait groupés autour de cette aire, descendre au pied de la montagne et y bâtir quelques maisons étroites, sans doute, mais dont personne ne leur conteste la propriété.

Une église qui passe pour être du XIIe siècle, mais qui remonte tout au plus au XIVe, domine remparts et maisons. Classée parmi les monuments historiques, bien qu'elle n'ait absolument rien de remarquable, elle attend que des réparations urgentes y soient entreprises, sans quoi elle tombera à son tour et prochainement en ruines sur les ruines des tours féodales qui l'environnent.

A l'exception d'une saline importante établie sur la rive gauche du canal, à peu de distance du village, et d'une fabrique de produits chimiques dite de *Plan d'Aren* qui, géographiquement, appartient à la commune, mais qui n'entretient aucun rapport avec elle, nul établissement industriel ne répand dans ce pays mouvement et bien-être. Il y a quelques années qu'on construisit une usine pour la préparation de la tourbe qu'on commença à extraire des marais voisins, mais mal dirigée, ruinée peut-être dès les premiers jours par la tristesse qui règne en souveraine dans toute la contrée, cette usine est tombée quelques mois à peine après les premiers essais. Aujourd'hui, ses hangards inachevés, ses murailles à peine sorties du sol ont tout l'aspect de ruines et ajoutent à la désolation générale.

Tel est l'ensemble du tableau qui se présente à l'œil du touriste qui parcourt la seule route carrossable de la commune. Et cependant c'est dans cette contrée qu'à séjourné pendant plusieurs années l'armee la plus redoutable que jamais Rome ait possédée, pour arrêter dans leurs invasions les peuplades barbares du Nord.

Mon intention est de raconter mes recherches sur les lieux mêmes où le célèbre consul Caïus Marius campa si longtemps; de dire ce que j'ai retrouvé de ruines romaines et d'en donner les explications qui m'ont paru les plus probables.

Il faut se hâter, par le temps qui court, de recueillir sur les lieux mêmes toutes les traditions du passé; il convient surtout de faire une description exacte de tout ce qui reste de constructions antiques, car, si l'on respecte aujourd'hui les édifices et les monuments réellement remarquables, on jette à peine un regard de pitié sur les ruines moins importantes et on travaille souvent à les rendre plus méconnaissables que par le passé. Les régions dont je parle ont été depuis vingt siècles envahis par les eaux de la mer et du Rhône et l'homme, profitant du moindre prétexte, a détruit beaucoup plus que le Rhône et la mer. Dans un demi-siècle, rien ou presque rien ne subsistera, tant le système de démolition a fait de progrès et le touriste ou le savant qui viendra étudier la localité sera désagréablement surpris de ne plus rien trouver que quelques fondations qui ne peuvent être abattues qu'au moyen de la sape et de la mine. Que serait-ce donc si le chemin de fer projeté de Cette à Marseille venait creuser ses longues tranchées ou poser ses interminables remblais sur ce sol si différent déjà de ce qu'il était autrefois ? Il est douteux que l'on fasse fléchir la ligne droite devant quelques tronçons de mur et les ingénieurs chargés des travaux se garderont bien de faire ici exception à leurs habitudes.

Conservons donc sur le papier, sinon ailleurs, quelque chose du passé, afin que nos enfants ne nous accusent pas d'avoir suivi l'exemple de destruction donné par nos ancêtres.

Cette brochure aura pour but :

1° De fixer d'une manière certaine le point de la côte auquel aboutissait le canal ou mieux le *fossé* de Marius.

2° De déterminer la destination primitive des ruines connues sous le nom d'*Arcades* que l'on a prises jusqu'ici pour un aqueduc et de dire par quelles sources les *citernes* de Marius étaient alimentées.

3° D'ajouter quelques notes nouvelles à la nomenclature des ruines trouvées dans ces contrées et décrites dans certains ouvrages.

Je n'ai point peut-être toutes les qualités pour me hasarder en pareille matière, mais à défaut de tout autre mérite, j'aurai du moins celui d'avoir tout vu et tout examiné sur place, ce qui doit bien être considéré pour quelque chose.

Je me suis aidé parfois dans ce travail d'un ouvrage jugé et apprécié depuis longtemps : *la Statistique du département* par le Comte de Villeneuve ; mais on s'apercevra que si je fais quelques emprunts à cet écrivain, plus souvent je serai en désacord avec lui, mais dans ce cas, je justifierai mon opinion par des preuves puisées à bonne source. D'ailleurs, m'occupant tout spécialement de cette question, il n'est point étonnant que j'aie pu recueillir des renseignements qui ont manqué à cet auteur si recommandable du reste à plus d'un titre. Je me suis aidé aussi d'un manuscrit que M. MATHERON, géomètre attaché à la direction du cadastre, adressait à ce même M. de VILLENEUVE, en 1824, et qui m'est tombé sous la main au milieu de mes recherches dans les archives de la Préfecture de Marseille. Ce travail m'a paru très consciencieux et j'ai vu avec bonheur que certaines mesures et des distances que j'avais prises moi-même sur les lieux, alors que j'ignorais complètement l'existence de ce manuscrit, ont exactement concordé avec celles qu'à données M. MATHERON.

II

Des changements considérables se sont opérés depuis des siècles, sur les lieux où campèrent les légions de Marius. Ces changements qui pendant de longues années s'étaient faits lentement, par la suite des atterissements de la mer et du Rhône, ont été rapides de nos jours. Le creusement du *Canal d'Arles à Bouc*, l'établissement de salines et de fabriques importantes et plusieurs inondations extraordinaires ont modifié la physionomie du sol à tel point que, parcourant les lieux, les vieilles cartes à la main, on a une peine inouie à reconnaitre les tracés et les contours des étangs et de la côte.

Voyons d'abord sommairement les lieux tels qu'ils sont aujourd'hui, en nous plaçant pour les examiner sur la plage qu'on appelle la *barre de Fos* ou *Marronnede*, près de la berge du canal de Bouc, et en tournant le dos à la mer.

Devant nous, s'élève *Fos* avec ses murailles et ses tours féodales ; à gauche, un immense marais, la *Foux*, qui s'étend dans la direction d'*Arles* à la *Tour St-Louis* et qui n'est coupé à l'horizon que par les rives du Rhône ; à droite, sur les bords du canal et de la route qui le suit, un fort beau *Salin* alimenté par les eaux de l'*Etang de l'Estomac* qu'on apercoit derrière lui ; un peu plus à l'est, une première montagne : le mont *Gayet* ou *Mariet* qui forme le dernier plan du tableau, mais derrière et au dessous de laquelle, après avoir franchi la *gare* de *Plan d'Aren*, nous trouverons l'*étang d'Engrenier* séparé par une langue de sable, changée en *Salin* et une *fabrique* de produits chimiques, de l'*étang* et *des Salins de Lavalduc*.

L'étang mal desséché de *Poura* et celui de *Citis*, converti également en salin, séparés par d'assez hautes collines de celui de Lavalduc, n'ont aujourd'hui plus rien de commun avec ce dernier, mais les chiffres relatifs à leur hauteur ou mieux à leur profondeur, eû égard au niveau de la mer, vont nous prouver qu'à une époque passablement ancienne, ils formaient un seul et vaste amas d'eau dont l'aspect de l'Etang de Berre peut donner une idée.

Quoiqu'à une distance assez faible de la mer, l'étang d'Engrenier est de 8 mètres 76 centimètres plus bas qu'elle; l'étang de Lavalduc qui touche ce dernier est plus bas de 9 mètres 40 centimètres; l'étang de Poura est à 8 mètres au dessous du même niveau et celui de Citis à 7 mètres 40 centimètres.

Ces chiffres seront plus frappants en les établissant ainsi :

Lavalduc,	9, 40	au dessous du niveau de la mer.
Engrenier,	8, 76	
Poura,	8, »	
Citis,	7, 40	

Seul l'étang de l'Estomac est, grâce à un canal en partie souterrain, au même niveau que la mer.

La partie de terrain comprise entre le grand chemin d'Arles à Fos, au Sud et le chemin de Fos à Istres, à l'Est, ne présente rien de remarquable; c'est une continuation de la plaine de la Crau, inclinant vers le grand marais, par une pente d'environ un millimètre par mètre. La surface n'est pas ici couverte de cailloux comme dans la Crau proprement dite ; elle est formée d'une couche raboteuse de rochers calcaires alternativement nus et couverts de terre. Les fentes de ces rochers et les endroits couverts de terre sont en général agrégés de chênes kermès, de cistes, de romarins et autres arbustes avec herbes paccagères. Ce terrain, quoique pierreux, est humide par l'effet de la filtration des eaux qui de la plaine descendent vers le grand marais de la Foux.

Sur les bords de l'étang de Lavalduc, le terrain descend vers cet étang par un talus rapide, couvert, ainsi que les bords eux mêmes de l'étang, de blocs de rochers calcaires et de poudingue qui se sont détachés de son couronnement taillé à pic.

L'aspect général de la contrée, je l'ai déjà dit, est triste et la vue de ces étangs d'où s'échappent des émanations salines très caractérisées, éloigne bien plus qu'elle n'attire.

Fermons donc les yeux sur la topographique actuelle et, par un effort de la pensée, rétablissons les lieux tels qu'ils étaient *peut-être* encore, lors de l'arrivée de Marius.

Nous avons sous les yeux un étang festonné à grands traits et comprenant, à gauche, l'Estomac; en face, Engrenier, Lavalduc et Rassuens; à gauche, Citis et le Poura; cet étang s'appelle *Stomalimné*, nom donné par les Marseillais qui l'on fréquenté depuis longtemps pour y faire leurs opérations commerciales. Trois montagnes s'avancent au milieu de l'étang et forment des presqu'iles ouvertes, deux au Nord, une au Midi. La contrée est sauvage et s'il existe quelque *mallus* dans les environs on ne saurait lui donner le nom de ville. Stomalimné seule est couchée sur une plage ouverte à tous les vents, adossée à une dune peu élevée et n'ayant pour l'abreuver aucune source, aucun courant d'eau douce. Mais Marius arrive, tout va changer d'aspect.

Sachons d'abord ce qui l'amène sur le littoral.

Marius venait de s'emparer de Jugurtha et cette nouvelle avait fait tressaillir de joie la capitale romaine: mais les transports durèrent peu car on apprit en même temps l'approche des Teutons et des Ambrons. L'armée de ces barbares était formidable, au dire des courriers, et ils entraînaient à leur suite un nombre prodigieux de femmes et d'enfants ; les hommes armés dépassaient le chiffre de 300,000. Mais pour le courage, la vivacité et la force qu'ils témoignaient dans les combats, dit Plutarque, on pouvait les comparer à l'impétuosité et à la violence de la foudre; rien ne pouvait tenir devant eux, ni résister à leurs efforts; partout où ils passaient, les peuples étaient entraînés comme des troupeaux dont ils faisaient leur proie.

Les barbares annonçaient l'intention de se diriger sur l'Italie où ils projetaient de s'établir ; aussi les Romains s'empressèrent-ils d'appeler Marius, le premier de leurs généraux, au commandement des armées ; mais les Ambrons ayant retardé leur marche, par suite de la division qui se mit parmi eux, il fallut, contrairement à la loi, prolonger à plusieurs reprises le Consulat de Marius. C'est au moment qu'il venait d'obtenir cette charge éminente pour la quatrième fois, qu'on annonça l'approche des ennemis.

Marius repassa promptement les Alpes et vint se placer au milieu de son armée qui, régénérée en quelque sorte par les habitudes de discipline qu'il avait remises à l'ordre du jour et par les fatigues continuelles qu'il imposait à ses soldats, était devenue pour ainsi dire invincible.

Le Consul comprit qu'il aurait sur les barbares un immense avantage s'il pouvait les attendre à l'abri de leurs attaques, en conservant lui même la liberté de les atteindre en temps opportum. C'est pour cela qu'il vint s'établir à proximité des embouchures du Rhône et au bord de la mer et s'y fortifia. Mais, dit Plutarque, les Bouches du Rhône étant envahies par les sables, leur entrée devenait difficile et périlleuse pour les navires chargés de blé. Marius y mena (*convertit*) son armée qui n'avait rien à faire (*otiosum*) creusa un grand fossé où il détourna une partie du fleuve et conduisant ce fossé jusqu'à un endroit commode de la côte, il eut soin de le rendre assez profond pour recevoir de grands bateaux et de tourner son embouchure de manière qu'elle fut plate, facile et à l'abri des vagues et du vent. Ce fossé porte encore aujourd'hui son nom. »

Voici la traduction de ce passage, faite en latin, par Herman Crusarius, en **1566.**

« Ostia Rhodani magna vi limi oppleta, arenaque alto cœno à fluctibus astricta, periculosum morosumque et angustum navibus frumentariis eo reddebant denersum; hunc exercitum otiosum convertit fossamque grandem duxit, quo magna fluvii parte detorsa deduxit illam ad opportunum *litus*, altam ac magnorum navigiorum patientem, quæ planum haberet et tranquillum ad mare ostium. *Hæc nomen ab illo etiam hodiè retinet.* »

En présence d'une affirmation aussi claire, il semble qu'on ne saurait avoir de doute au sujet de la rive du Rhône sur laquelle le canal fut creusé. Combien de versions cependant n'ont-elles pas été émises ! Bouche, celui de tous les historiens provençaux qui s'est occupé le plus de cette question, a écrit plusieurs pages *in folio* pour transmettre les avis de différents auteurs. On ne trouvera pas mauvais que je les résume en quelques lignes.

1re Opinion. Le canal de Marius n'est autre chose que le canal du Rhône qui passe dans le Languedoc, suivant Gérard Mercator et Pierre Montanus, interprètes de Ptolémée, Olivarius, commentateur de Pomponius Mela, Antoine du Pinet, interprète de Pline, Nostradamus, Belleforest, Catel et Sponde.

2e Opinion. « Le père Philibert Monet, de la Comp. de Jésus, dit Bouche, pense que cette fosse est ce très grand canal du Rhône dit Massilioticum qui passe tout contre la ville d'Arles, croyant qu'auparavant ce canal était fort petit, mais qu'il fut agrandi par le travail de C. Marius. »

3e OPINION. Simon Bartel, provençal, jadis prieur de Mezel (dans son histoire ecclésiastique de la ville de Riez) prétend que ces fosses sont *vers* la ville des *Trois Maries* dans la Camargue et dès lors qu'elles sont le deuxième canal du Rhône.

4e OPINION. Nicolas Sanson d'Abbeville pense que c'était un petit canal qui sortant du grand canal du Rhône et passant par la Crau, allait aboutir à l'étang de Martigues. A quoi Bouche répond que la chose était impossible, attendu que les montagnes qui renferment cet étang de tous les côtés sont *si hautes* qu'il ne serait pas possible de creuser un canal venant du Rhône et passant par la Crau pour entrer dans cet étang.

Je me hâte de dire que je ne partage aucune de ces quatre opinions, pas plus que je ne me range de l'avis de M. de Villeneuve qui faisant partir le canal du point où se trouve actuellement la Tour St-Louis le fait aboutir à l'étang de l'Estomac, au Nord du village de Fos.

Deux auteurs, à mon avis, ont vu seuls, presque exactement la chose : Honoré Bouche et le père Papon; aussi vais-je transcrire quelques lignes de la *chorographie* du premier dont j'accepte en très grande partie la teneur. Tout à l'heure je citerai Papon; enfin, en faisant la description de la *voie romaine* et des ruines que j'ai étudiées sur les lieux, je tâcherai de prouver que l'opinion à laquelle je m'arrête, est la seule admissible.

« Pour bien faire accorder ce que disent Strabon, Mela, Solin, Plutarque, Pline et Ptolomée, nous avons conclu, dit Bouche, que Marius aurait fait deux choses : la première, que pour rendre navigable l'étang de Martigues et y faire entrer des barques de charge il aurait fait cette ouverture qui est entre la Tour de Bouc et la terre ferme. (1) La seconde

(1) Voir mon histoire de Martigues et de Port de Bouc, page 35.

que pour éviter des difficultés et dangers qu'il y a de passer dans les tignes, sortant de la mer pour remonter sur le Rhône, il aurait fait creuser un grand canal dans la terre, commençant au bord de la mer, non trop loin de la Tour de Bouc, le faisant passer au village de Fos qui a tiré son nom de cette fosse et traverser partie de la Crau pour joindre l'eau de la mer avec celle du Rhône, duquel canal il reste encore quelques vestiges aux endroits par où il passait, dit aujourd'hui le *Galéjon.* »

Bouche ne se hasarde pas souvent à émettre ses propres idées, mais quand il fait tant que de se prononcer, il soutient son opinion par des preuves qui ont bien leur mérite, témoin celle-ci :

« L'eau de la mer, écrivait-il vers 1660, aussi bien que les petites barques, peuvent entrer par de petits canaux dans l'étang de Fos qui est presque au bord de la mer, tout de même que par d'autres petits canaux qui traversent la campagne on peut aller de ce même étang de Fos à celui de Galéjon et de celui-ci au Rhône, ainsi que j'ai appris sur le lieu par des personnes de créance qui m'ont assuré d'être venues autrefois sur une barque, depuis Arles jusqu'à Fos, entrant du Rhône au Galéjon et de celui-ci par d'autres canaux qui conduisent à Fos; car il faut présupposer que tout ce pays qui est aux environs de la Crau est fort marécageux et qu'on y fait divers fossés pour la conduite des eaux qui se dégorgent enfin dans la mer. Et celui qui a pris à tâche de dessécher les grands étangs qui sont à l'entour de la ville d'Arles et qui viennent des terroirs des Baux, de Tarascon et du Mas du Brau ne s'est point servi d'autre secret que de faire des canaux pour conduire les eaux de ces étangs dans le Galéjon et de celui-ci dans la mer. Et c'est chose bien assurée que les pêcheurs du Martigues sortant tous les jours de la mer, entrent dans le grand canal et étang du Galéjon, au terroir de Fos, pour y pêcher et de ce canal qui a environ trente pas de largeur et sept ou huit pans d'eau de profondeur, ils pouvaient aller anciennement jusque dans le Rhône et Arles, mais depuis peu de temps, le passage du Rhône ayant été bouché par de grandes palissades, pour empêcher que son eau n'entrât dans le Galéjon, ils peuvent aller jusqu'à ces étangs d'Arles. »

Le père Papon n'est pas entré dans une dissertation aussi étendue que Bouche, mais il a parfaitement indiqué, selon moi, les points de départ et d'arrivée de ce canal. Voici comment il s'exprime :

« Ces fossés de Marius avaient environ douze milles de long, depuis le bras du Rhône le plus oriental dont il recevait les eaux jusqu'à l'étang de Galéjon, par lequel il communiquait avec la plage de Fos. Il était à dix milles au dessus de l'embouchure de ce fleuve et à vingt milles au dessous d'Arles. Les sables se sont tellement amoncelés depuis ce temps là dans le fond de la plage que la *Tour des Tignaux* reconstruite vers l'an 1720, à l'embouchure du Rhône, est actuellement éloignée d'environ deux lieues des endroits où l'on peut aborder. Ainsi, la mer se trouvant successivement reculée de ce côté là et repoussée par les sables et les cailloux du fleuve a laissé à découvert la Crau et la Camargue; il arrivera dans la suite que le golfe de Fos se comblera entièrement jusqu'au cap Couronne et que toute cette plage sillonnée par des vaisseaux le sera par la charrue. »

S'il est vrai que dans soixante ans à peu près (de 1720 à 1780) la mer se soit éloignée de deux lieues, de combien de lieues se serait-elle donc retirée, de l'an 102 avant Jésus-Christ à l'an 1720?—De vingt à vingt cinq lieues au moins..

Ceci prouve combien Papon a exagéré la puissance des atterrissements du Rhône.

J'ai découvert à la bibliothèque de Marseille un document qui a bien son mérite, au point de vue qui m'occupe : c'est une carte de la Provence, gravée en 1719 par Chiquet

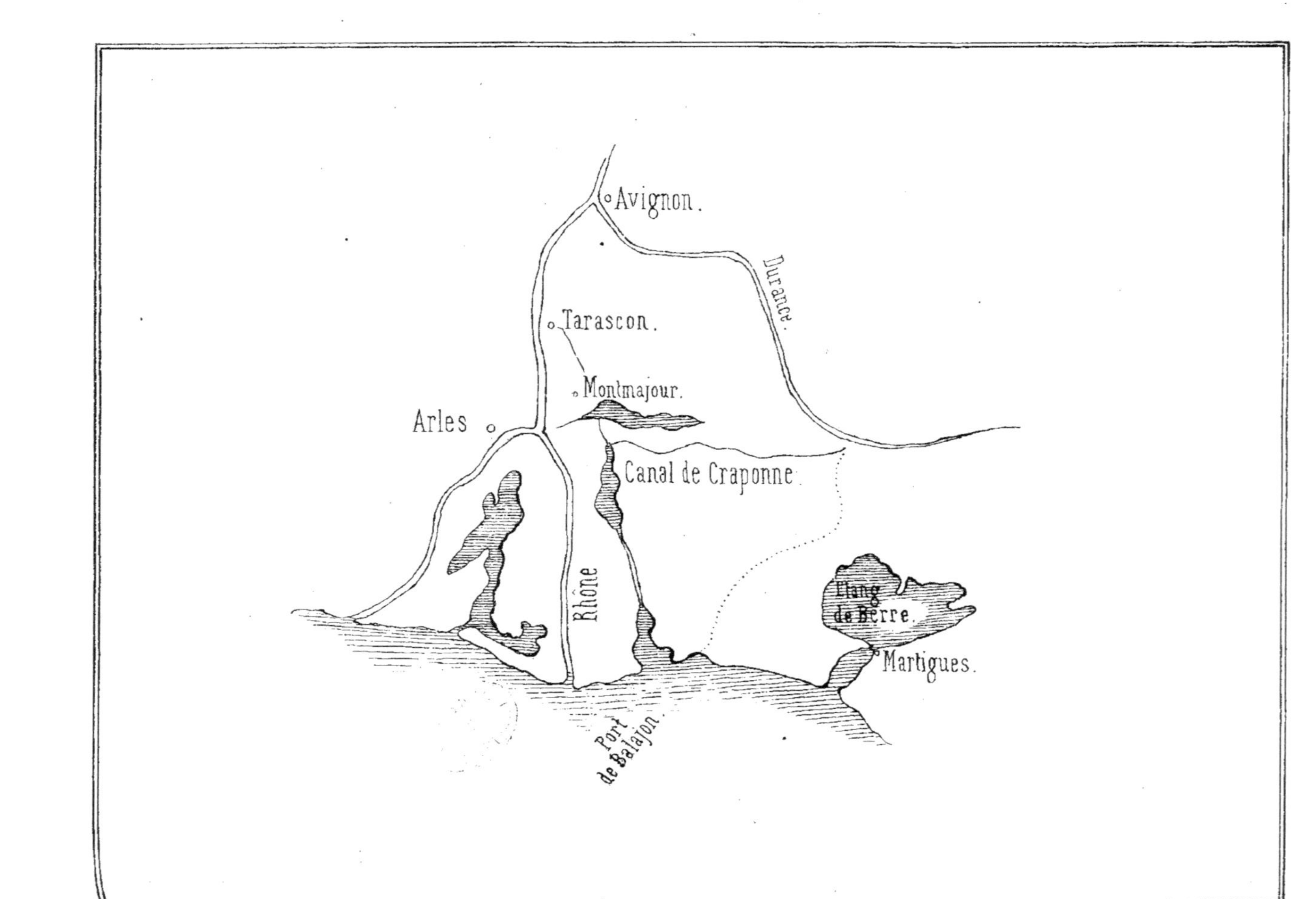
Avignon.
Durance.
Tarascon.
Montmajour.
Arles
Canal de Craponne.
Rhône
Etang de Berre.
Martigues.
Port de Balajon.

(Paris). Cette carte, dont je joins ici un *fac simile*, appelle le Galéjon *Port du Balajon* et le met en communication directe avec les marais de Montmajour. Si le canal dont on voit le tracé n'est pas celui de Marius, mais bien celui du *Vigueirat*, en revanche, je constate que l'appellation de *port*, donnée à l'étang de Galéjon, a une importance qui n'échappera à personne.

Je prouverai plus tard, en faisant la description des ruines et des voies romaines qui subsistent encore dans la commune de Fos et ses environs, que c'est dans le Galéjon, ni plus près ni plus loin, que débouchait le fossé de Marius; mais avant, je veux répondre à cette question qui se présente à mon esprit : — Dans quel but a-t-il été fait ?

Le but dans lequel il aurait été creusé, si je m'en rapporte tout simplement à Plutarque et à la multitude d'historiens qui ont écrit après lui, était de faciliter l'arrivée des provisions dont l'armée de Marius avait besoin. — Mais si cette armée était campée sur le littoral même de la mer, à proximité des ports de Stomalimné et de Galéjon et sur les bords de cette mer intérieure qui s'est transformée en étangs de l'Estomac, d'Engrenier et de Lavalduc, quelle nécessité y avait-il pour lui à creuser un canal jusqu'au Rhône, d'où il ne pouvait rien tirer, en fait de provisions de guerre et de bouche, puisque les barbares en occupaient la partie supérieure et qu'ils ravageaint tout ce qui restait dans un pays désolé déjà par les habitants eux-mêmes?...Quel besoin avait Marius d'ouvrir cette communication, puisque, dès les premiers jours de son arrivée, il était résolu à attendre tranquillement les Ambrons et que tout ce qui parvenait à son camp arrivait de Marseille ou de Rome, transporté par les voiles romaines et marseillaises ?...

Si donc Marius n'a pu faire ces travaux dans son intérêt propre, il les a entrepris dans l'intérêt d'une population maritime et commerçante qui devait retirer de ces tranchées des avantages immédiats. Or, la seule population maritime et commerciale de la contrée était celle de Marseille, l'amie, l'alliée de Rome. Je n'hésite donc pas à dire que Marius fit creuser ce canal non seulement à l'intigation des Marseillais, mais encore avec leur aide, puisqu'ils étaient les seuls intéressés à son exécution.

En effet, Marseille cherchant à étendre ses relations et à fonder des comptoirs le long des grands cours d'eau, aussi bien que sur la côte maritime, devait être contrariée des obstacles naturels que lui apportait le Rhône à son embouchure et elle dut profiter du séjour de l'armée de Marius pour établir des communications plus faciles de la mer au fleuve.

D'un autre côté, Marius qui avait besoin des Marseillais et qui recevait la plus grande partie de ses approvisionnements par leurs navires, dut s'empresser d'entrer dans leurs vues et de mettre à leur disposition l'armée qui, campée sur le bord de la mer, n'avait absolument rien à faire qu'à s'exercer aux travaux manuels pour s'habituer aux fatigues des marches et des combats. D'ailleurs, la prise complète de possession de ce canal par les Marseillais, au départ de l'armée de Marius, est un fait notoire consigné par tous les historiens anciens et modernes.

Voici ce que dit un de ces derniers, M. Henri Martin :

« Marius avait fait concéder aux Massaliotes la propriété de son fameux canal, et le péage de tous les navires qui remontaient ou descendaient les *Fossæ Marianæ* était devenu une des principales branches du revenu de leur république et une compensation de la rivalité de Narbonne. Tout le transit du Rhône se faisait par cette bouche artificielle. Les Massaliotes se regardaient comme propriétaires du fleuve et leurs dieux avec eux en avaient pris possession par l'érection d'un temple d'Artémis (Diane) dans l'île de la Camargue. »

Et maintenant, ce mot de *canal*, par lequel nous traduisons celui de *fossæ*, n'est-il pas un terme impropre et ne devrions-nous pas nous contenter de l'expliquer par celui de *fossé*?— Le mot de canal éveille l'idée non seulement d'une grande conduite d'eau, mais encore d'écluses et de travaux d'art plus ou moins importants, à l'entrée et à la sortie tout au moins, si l'on réfléchit surtout que l'entrée se trouvait sur la berge même du Rhône, le fleuve le plus capricieux du monde et que la sortie était située sur la plage la plus sablonneuse et la plus vaseuse qu'on puisse trouver. Et de toutes ces œuvres d'art que restait-il, non pas avant le creusement du canal actuel, mais du temps de Bouche et plusieurs siècles encore avant, au XIIIe ou au XIVe siècle? — Rien.

Je sais aussi bien que personne, que ce canal aurait eu à lutter pendant quinze siècles au moins de barbarie, contre le temps, les inondations du Rhône, les débordements de la mer, et, ce qui est pire, contre les dévastations de l'homme, mais il en serait bien resté quelque chose au moins, car on sait combien les Romains savaient bâtir solidement.

L'absence complète de vestiges de travaux de maçonnerie m'amène à conclure que ces *fossæ* n'étaient autre chose que des communications ouvertes dans les divers étangs compris entre le territoire d'Arles et la mer, étangs dont le Galéjon nous offre un fort beau spécimen, car c'est celui de tous qui a été le moins desséché et le moins modifié depuis cette époque.

Ces ouvertures à travers des marais et des lacs salés très vaseux n'étaient ni bien difficiles à établir, ni couteuses à entretenir et c'est justement à l'époque où les navires ont acquis des dimensions beaucoup plus considérables qu'elles ont été négligées. Nous avons vu qu'en 1660, au dire de Bouche, les tartanes de Martigues remontaient très bien du Galéjon jusqu'à Arles et cela serait probablement encore ainsi, si depuis, on n'avait entrepris des travaux qui ont complètement modifié l'état des lieux.

J'ai promis de fournir de nouvelles preuves à l'appui de mon assertion, que les *Fossœ Marianœ* débouchaient dans le Galéjon et que cet étang leur servait de port. Ces preuves, je les trouve dans l'existence d'une voie romaine qui, partant des bords mêmes de cet étang, passe devant le village de Fos, traverse Martigues, longe, puis coupe l'étang de Berre pour aboutir à Marignane, station et lieu de campement bien reconnus de Marius.

III

Personne, que je sache, ne s'est jamais occupé de ce qu'on appelle dans les environs de Fos la *Chaussée de Marius*; cependant ce nom seul aurait dû mettre en éveil les historiens qui ont parlé des *Fossœ Marianœ*; mais il parait que c'est à moi que cette bonne fortune était réservée.

La chaussée dont je parle est évidemment une voie romaine dont la conservation est telle qu'il n'est guère possible d'élever des doutes sur son origine. J'ai d'abord pour première preuve le nom qui lui est resté de son fondateur et ensuite la tradition. Un examen attentif des lieux et de la voie elle-même vient à l'appui.

Ce chemin, cette chaussée, si l'on veut, pour employer le terme sous lequel elle est désignée, commence aux bords mêmes de l'étang de Galéjon, côtoie la mer à une distance d'un kilomètre environ et est établie dans les marais qui séparent ce même étang de Galéjon de la pointe de *Saint-Gervais*. Elle a près de cinq kilomètres de long, depuis son point de départ jusqu'aux approches du pont levis de Fos, endroit où elle n'est plus reconnaissable; sa largeur uniforme est de sept à huit mètres; elle est formée par un empierrement de galets de la mer, mélangés de terre et de sable. Il ne saurait être question ici de pavage ni de dallage quelconque, les matériaux qui auraient dû entrer dans la confection de cet ouvrage ne se trouvant qu'à des distances considérables.

Je lis dans un des volumes publiés par la *Société française pour la conservation et la description des monuments*, un paragraphe intéressant qui vient à l'appui de la remarque faite depuis longtemps, que les Romains se servaient toujours pour leurs travaux des matériaux qu'ils trouvaient sur place.

« Dans les parties que l'on a récemment démontées sur Maretz, dit M. Bruyelle, il a été constaté que la voie primitive n'avait point de *statumen* ni de *rudus*, c'est-à-dire que l'on n'y trouvait pas cette première base de pierres volumineuses posées à plat, ni ce second lit en maçonnerie de moëllons cassés et de chaux battue, mais simplement une couche de cailloutis de plus ou moins d'épaisseur.

« Cette remarque a été également faite dans une contrée voisine de la Picardie, à propos du tracé des chemins qui nous occupent. Le *statumen*, dit-on, y est remplacé souvent par un amoncellement de terre battue. Une couche formée de calcaire grossier, quelquefois de calcaire siliceux, disposé presque à plat, compose le *rudus ;* une couche de calcaire désagrégé ou de craie, y forme le *nucleus*. Dans tous les pays de craie, une dernière couche de silex ou cailloux bis recouvre le tout et forme le ciment. Quant aux voies des pays de calcaire grossier, les grès bruts, entassés en masses énormes, en sont généralement la base. Il est donc présumable que les Romains mettaient en œuvre, pour la formation de leurs chemins, les matériaux qui se trouvaient dans les localités qu'ils occupaient ; tantôt le grès, la pierre bleue, le moëllon, le silex, etc. »

Le but de cette voie est à peu près nul aujourd'hui : elle permet seulement la circulation à pied sec dans ces marais qui ne produisent que cette espèce de joncs auxquels on donne le nom de *bauque* et qu'on emploie spécialement pour la litière des chevaux et l'engrais.

Il n'en était pas ainsi autrefois et si Marius en a prescrit la confection, c'est qu'elle était d'une utilité immédiate et précieuse pour son armée.

Celle-ci, attendant l'arrivée des barbares, est établie en partie sur la monticule de Fos, en partie sur les collines qui séparent ou avoisinent les étangs d'Engrenier, de Lavalduc, de l'Estomac, de Citis et de Poura. Les relations par mer sont faciles; les étangs d'Engrenier et de l'Estomac communiquent avec la mer, et celui de Galéjon alors, comme aujourd'hui, peut livrer passage aux vaisseaux marseillais. Mais comme l'armée est divisée en plusieurs sections, il faut qu'une communication directe et non interrompue soit établie le long de la côte, non seulement pour completter le système de défense des retranchements, mais pour permettre aux approvisionnements de guerre et de bouche de circuler librement d'une extrémité à l'autre.

Voilà pourquoi Marius fait établir cette route qu'on reconnaitrait aujourd'hui encore n'avoir aucune interruption, depuis l'étang du Galéjon jusqu'à la Mérindole, si le canal actuel d'Arles à Bouc n'avait modifié à peu près en entier le sol, sur une étendue de trois à quatre kilomètres environ. (1).

Cette voie, ai-je dit tout à l'heure, est bien reconnaissable jusqu'aux approches du pont de Fos. Là, les terrains ayant été bouleversés, il faut renoncer à la retrouver avant d'arriver aux *arcades*, que quelques écrivains, M. de Villeneuve

(1) J'étais heureux d'avoir le *premier* découvert cette voie romaine, j'étais fier surtout d'être le seul à en parler, car aucun des nombreux auteurs que j'ai consultés n'en a dit un seul mot, et je clôturais mes recherches en feuilletant le *voyage de Millin dans les départements du Midi de la France*, lorsque mes yeux surpris tombèrent sur ces lignes : (Tome IV, page 28.)

surtout, se sont obstinés à prendre pour un aqueduc, erreur grave que je relèverai bientôt.

Ce chemin gravissait ensuite la colline de la Mérindole, et, contournant la montagne, allait passer à Martigues qui n'existait pas encore à l'état de ville, longeait l'étang et continuait à travers les eaux dans la direction de Marignane.

J'ai appelé tout à l'heure Millin à mon aide. Je ne craindrai pas de le citer de nouveau, bien que cette fois il n'abonde pas dans mon sens.

« Auprès de Marignane est l'étang de Marignane ou de Beaumont qui paraît avoir fait partie, dans des temps éloignés, de celui de Berre. On croit qu'il en a été séparé par la main des hommes, ce qui n'est nullement prouvé, et comme tout ce qui a été fait dans ce pays est attribué à Marius, on prétend qu'il fit construire cette espèce de jetée par ses soldats. Cette assertion n'est fondée sur aucun témoignage historique : on n'a d'autre autorité que celui du chemin même qu'on appelle le *Caiou*, mot que l'on prétend dériver de *Caius*, mais qui attesterait seulement l'antiquité de cette tradition sans en établir la vérité. »

Millin s'est prononcé bien légèrement, ce me semble, et

« Le nom de Fos, village devant lequel nous passâmes, conserve encore la mémoire du célèbre canal appelé *Fossæ Marianæ*. C'est là, qu'était, dit-on, son embouchure. *On trouve encore auprès une grande et belle voie romaine*, que nous suivîmes pendant quelques temps. »

Si je fus désappointé jusqu'à une certaine limite de voir que Millin avait déjà parlé de cette chaussée de Marius qu'il n'a pas appelée de son nom probablement parce que personne ne le lui a dit, je fus du moins enchanté de m'entourer d'un témoignage aussi important que le sien et je ne crains plus maintenant d'être traité de visionnaire, quand j'affirmerai que cette voie romaine existe et qu'elle est justement le commencement de cette route qui partant du Galéjon se terminait à Marignane.

c'est bien déjà quelque chose que d'avoir pour soi un *nom* très reconnaissable et une *tradition antique*.

En revanche, Honoré Bouche, à deux reprises, dans sa chorographie, n'élève pas le moindre doute sur ce travail du Consul romain.

« Il y a plus que probabilité, dit-il, que Marius fit faire cet admirable chemin, haut, élevé sur le milieu de l'étang de Berre, de deux lieues de longueur et de 40 ou 50 pas de largeur, vulgairement dit *chemin de Gray*, bien près du lieu de Marignane du nom de son auteur qui y avait établi une colonie romaine. »

Une preuve que j'allais oublier de mentionner et qui a bien son importance, c'est la découverte de tombes nombreuses qui a été faite à diverses reprises, aux environs de la Mérindole, sur la ligne de la voie romaine.

Divers calculs et quelques recherches ayant pour point de départ les anciennes géographies, ont donné lieu de supposer que certaines routes plus ou moins importantes reliaient *la ville* des *Fossœ Marianœ* aux localités voisines; mais je me suis méfié de tout ce que j'ai pu lire, notamment dans la *Statistique du département*. (1) J'engage mes lecteurs à parcourir les lieux, le livre d'une main et le décamètre de l'autre et ils ne manqueront pas, j'en suis sûr, de se récrier contre les chiffres qu'on y indique.

Je crois avoir suffisament prouvé que les *Fossœ* aboutissaient au Galéjon. Je vais tacher maintenant de justifier ce que j'ai dit tout à l'heure que les *Arcades* n'étaient pas un aqueduc, et cela m'amenera à parler des *Citernes romaines* qui se trouvent à peu de distance des *Arcades* et qui datent évidemment de la même époque.

IV

Les Arcades, comme leur nom l'indique, consistent en une succession d'arceaux et de piles d'arceaux plus ou moins

(1) Voir cet ouvrage, Tom. II, p. 156.

compromis, qui commencent à peu de distance de la montagne appelée ***Mont-Gayet*** ou ***Mariet*** pour se terminer non loin de la Mérindole. Elles sont longées ou traversées par le chemin de Plan d'Aren à la gare qui porte le même non, la route de Fos à St-Mitre, le canal de secours d'Engrenier et le canal de Rassuens.

Il y a une quarantine d'années que ces arcades étaient plus nombreuses et plus entières, mais à l'époque du terrible raz de marée qui, le 25 décembre 1821 (1) faillit envahir les étangs de Lavalduc et d'Engrenier, la compagnie de la fabrique de Plan d'Aren envoya tous ces ouvriers sur ce point et, pour opposer une digue aux eaux de la mer, fit démolir près de 200 mètres de cet ouvrage romain.

Les piles qui subsistent encore sont de différentes élévations au dessus du sol ; il existe aussi huit arceaux continus sous lesquels on a construit des bastides, des cours et des bergeries ; trois arceaux sont entièrement libres.

La largeur de la masse des arcades est de 4 mètres ; la distance entre les piles est de 6 mètres; prise intérieurement leur épaisseur est de 2 mètres.

Voici le détail de ces piles, ou si l'on préfère, de ces *pieds droits* :

2	servant de murs à une maison construite par M. Chaptal, ci.	2
35	enlevés pour la chaussée	35
12	détruits à différentes hauteurs.	12
14	placés à l'extrémité orientale.	14
	Total.	63
	qui à 2 mètres pour chacun donnent	126
	comprenant entr'eux 63 arceaux de 6 mètres. . .	372
	ce qui donne une longueur totale de mètres. . . .	498

(1) Voir les détails que j'en donne dans ma Statistique de la commune de Cassis, pages 101 et suivante.

èpuivalent à 1691 pieds romains, pour tous les restes apparents.

La hauteur des arceaux entiers est de 3 mètres 95 centimètres au dessus du sol.

La Statistique du département prétend qu'une des arcades qui était à la passe du golfe et dont il ne reste que les fondations ensevelies sous le sable avait quinze mètres de largeur et que c'est par là que passaient les navires allant dans la mer intérieure de *Maritima*. C'est une erreur grave, à mon avis. En additionnant les 12 mètres d'ouverture de deux arcades aux deux mètres du pied-droit qui les soutenait on obtient une largeur totale de 14 mètres, ce qui se rapproche assez de la mesure donnée par M. de Villeneuve, il est vrai, mais la hauteur des arceaux n'etant que de 3 mètres 95 centimètres, le cintre aurait été tellement écrasé que sa construction était à peu-près impossible. Au surplus, il n'y a pas à débattre longuement cette question, puisque la base du pilier qui devait se trouver au milieu de cet espace de 15 à 14 mètres subsiste encore.

Et puis, une largeur de six mètres n'était-elle pas suffisante pour la libre circulation de bateaux plats qui pouvaient seuls naviguer sur ce point ? Car ce n'est point sur a mer proprement dite que les arcades ont été construites. C'était là une sorte de marais susceptible de voir ses eaux s'élever ou diminuer suivant l'état da la mer et la direction des vents, et les bateaux de l'époque, dont les *bettes* de Martigues que l'on voit aujourd'hui glisser sur l'étang de Berre, peuvent donner une idée exacte, avaient à choisir l arceau sous lequel ils devaient passer, les sables et le limon rendant les uns libres pendant que les autres devenaient impraticables.

De nos jours, si l'on avait à faire une route à travers des marais de ce genre on jetterait un remblais allant d'un bout à l'autre, en laissant un ou deux passages cintrés pour les eaux et tout serait dit. Les Romains qui faisaient les choses plus solidement ont construit des arcades, un véritable pont. D'ailleurs, en cas d'attaque, cet ouvrage était bien plus facile à defendre qu'une chaussée en terre parce qu'il était inaccessible sur tout autre point que les deux extrémités peut-être gardées elles-même par des têtes de pont dont il ne reste plus rien.

Ce qu'il y a de plus singulier, c'est que cette suite d'arcades s'arrête brusquement à 80 mètres environ du pied de la colline de la Mérindole à laquelle il semble tout naturel quelle devrait s'appuyer. Cela parait d'autant plus extraordinaire que l'arche qui termine la série est encore aujourd'hui dans un état de conservation presque complet. Entre ce dernier arceau et la colline aucun vestige apparent ne se montre et l'on est en droit de se demander si réellement il y a eu le moindre ouvrage et si le viaduc à jamais été achevé de ce côté. Mais comme cette dernière supposition est inadmissible on se voit forcé d'admirer la constance et la ténacité des paysans du lieu à déraciner jusqu'aux fondations d'une partie de ces constructions qu'on voit debout quelques mètres plus loin.

Admettant donc, sans autre hésitation, que l'armée de Marius a eu le temps de parfaire un ouvrage qui était pour elle d'une utilité évidente, je tirerai mes conclusions, savoir : que les arcades étaient la suite de la chaussée de Marius dont j'ai déjà suffisamment parlé.

Si néanmoins on me conteste mon appréciation, je citerai quelques lignes des rapports que M. Matheron, géomètre attaché au cadastre, adressa à M. le comte de Villeneuve, pour lui rendre compte de la mission qui lui avait été confiée d'allier reconnaître et mesurer ce prétendu aqueduc.

Il part, rempli de confiance, mais arrivé sur les lieux, il hésite à croire que c'est bien un aqueduc qu'il a devant les yeux ; cependant comme il a l'*ordre de reconnaître un aqueduc*, il tâche de se convaincre lui-même. Mais le doute perce à chaque ligne de son rapport.

« En donnant, dit-il, un mètre cinquante centimètres à chaque mur latéral du canal, ce qui aurait suffi pour contenir les eaux et pour le petit chemin que pratiquaient les romains le long de leurs aqueducs, il serait resté un mètre pour la largeur du canal, ce qui aurait pu suffire à l'arrosage d'un terrain assez considérable et les eaux de la Durance auraient pu y être facilement amenées. »

Je demande où aurait pu se trouver ce terrain arrosable puisqu'il n'y avait là que des marais fort étendus et des montagnes sèches et ardues.

« Mais, continue M. Matheron, *ne restant aucun vestige du fond du canal sur les arceaux*, on ne peut pas en déterminer la largeur. »

Nous verrons bientôt qu'il a pu retrouver cette largeur sur de véritables aqueducs, autrement en ruines que les arcades, sur une des collines qui dominent l'étang d'Engrenier.

« Le fond du canal, dit-il plus loin, étant tout à fait détruit, les arceaux étant en pierres presque brutes et rongées par le temps, n'y ayant que onze contigus conservés dont les flèches des deux extrêmes ne sont distantes que de 88 mètres, il serait impossible de déterminer exactement la pente de cet aqueduc. »

Aussi ses doutes vont-ils toujours croissant et il se hasarde à faire les réflexions suivantes :

« Mais aurait-on construit un si grand aqueduc pour les citernes? Ses eaux tout en alimentant les citernes ne pouvaient elles pas servir à d'autres usages existants ou projetés? L'aurait-on construit si grand pour recevoir les seules eaux de l'aqueduc ruiné dont j'ai parlé plus haut? »

M. Matheron n'a pas eu le moindre doute au sujet de la date de la construction de ces arcades quelle qu'en ait été la destination. « C'est bien, dit-il, un ouvrage romain, bien que quelques personnes du pays l'attribuent à la reine Jeanne. » La chose d'ailleurs a bien été démontrée par un grand nombre de médailles qu'on a trouvées dans les dernières démolitions.

Parlons maintenant des citernes dont la construction est non moins un ouvrage romain et voyons par quelles eaux elles étaient alimentées.

Je transcris d'abord une page du rapport manuscrit de M. Matheron, portant la date du 25 mars 1824.

« Vers le coude S. E de l'étang de l'Estomac, à 40 mètres environ de son bord oriental, au lieu dit *Cour des Maures*,(1) sont deux citernes romaines jumelles qui étaient probablement à l'usage du camp de Marius. Elles sont remplies de terre et complantées de vignes et assez bien conservées, excepté en leur partie de S. E. dont le mur est détruit. Les voutes dont elles ont été couvertes sont également détruites ; il n'y a pas assez de restes pour en déterminer la courbure.

« Quant aux deux citernes (2) elles sont séparées par un mur en maçonnerie dont l'épaisseur est de 50 centimètres; leur masse commune est entourée d'un mur également en maçonnerie dont l'épaisseur égale 1 mètre 27 centimètres. Contre ces maçonneries, dans l'intérieur et autour de chaque citerne, il y a un placage de dalles de pierre calcaire tendre dont la hauteur est de 1 mètre 82 centimètres, profondeur des citernes pour la partie occupée par l'eau ; plus quelque chose vers le haut et ce qui est enfoncé, ce qui donne en tout 2 mètres de hauteur à ces dalles.

« Leur largeur n'est pas uniforme ; il y en a de 1 mètre

(1) Faut-il reconnaitre dans ce nom le nom de Marius?

(2) La planche *X* de l'atlas de la statistique des Bouches-du-Rhône en donne la coupe et le plan : y recourir.

de 1m 20 ; 1m 30; 1m 40; 1m 50, et 2m 20 centimètres. Leur épaisseur est de 20 centimètres. Ce placage de pierres est revêtu d'un ciment de 3 centimètres d'épaisseur.

« Quoique ces citernes soient remplies de terre, je les ai sondées à différents endroits pour pouvoir compter sur l'exactitude de leur profondeur.

« L'élévation de leur fond oriental au dessus du niveau de la mer est de 3m 73 centimèt. la hauteur de l'espace capable de contenir l'eau : 1m 82; l'élévation de leur surface en les supposant pleines: 5m 55; leur longueur intérieure: 29m70; leur largeur également intérieure, pour celle de l'Est : 6m 50 et pour celle de l'Ouest: 6m 55; largeur totale: 13m 05 cent. La surface des deux ensemble = 29m 70 centimèt. × 13m 05 centimèt. soit : 387m 585m/m.

« Il y a une communication voûtée d'un mètre de large et d'à peu près autant de hauteur. Le propriétaire du terrain m'a dit avoir vu au fond deux rigoles qui probablement servaient au lavage des citernes et on conduisait les eaux sales dans un bassin qui a une profondeur d'à peu-près 25 centimètres. Il devait probablement y avoir, à quelque élévation au dessus du fond du bassin, des robinets pour l'usage et l'économie de l'eau.

« On m'a dit qu'il régnait autour du fond des citernes un petit rebord dont la hauteur est de 12 cent. et l'épaisseur de 65 cent.

« D'après les sondes, il paraît que ces citernes avaient une pente vers l'Ouest de 11 cent., ci. 0, 11

La hauteur au dessus de cette pente, du côté Ouest.	1, 82
La hauteur du côté de l'Est.	1, 82
Total. . . .	3, 75
La profondeur moyenne est de. . . .	1, 875
Leur surface est, comme je l'ai dit, de. .	387, 585
Leur capacité en mètres cubes : 387,585 × 1,875 = ...	726, 722

Sans compter la capacité du petit bassin de lavage.

« Si l'on ajoutait la capacité de la voûte de communication à peu près de 96 cent. l'on aurait la capacité totale de 727m 682 m/m équivalant à 25,225 amphores romaines dont la valeur est de 30 pintes 975 de Paris, ou tout simplement : 727,682 litres.

« En supposant que ce fut l'aqueduc de la montagne qui les alimentât et qu'ainsi que nous l'avons dit, cet aqueduc fournit 54 mètres cubes par heure, le temps nécessaire pour les remplir aurait été de 13h 28' 31". »

Voici maintenant la description de cet aqueduc de la montagne auquel M. Matheron fait allusion.

« Au dessus de la fontaine de Plan d'Aren et du canal de Rassuens, sont des morceaux d'un ancien aqueduc romain dont on trouve d'autres vestiges de là à l'Est de la fabrique. La position de ces débris, leurs différences de niveau irrégulières, parce que le terrain a été tourmenté, ne permettent pas d'en apprécier la pente. On peut cependant établir que l'aqueduc dont ils ont fait partie portait les eaux vers le Sud, en se dirigeant par les côteaux de l'étang d'Engrenier, la Valantounen et la Mérindole où l'on découvrirait des traces par des fouilles.

« La distance à parcourir par les eaux ayant beaucoup de contours à faire pourrait être d'environ 4,500 mètres et la pente moyenne aurait été de 4 millimètres. Cette pente est trop forte ; les Romains n'en donnaient qu'une d'à-peu-près le quart, aux aqueducs des eaux à boire. Cependant cette forte pente ne détruit pas la possibilité de la direction des eaux vers les arcades. On pourrait peut-être en conclure qu'il y avait avant d'arriver aux arcades des citernes ou réservoirs dans lesquels l'eau se déposait et d'où elle repartait par une ouverture, plus basse que celle par laquelle elle y était arrivée.

« Outre que ces débris ont été dérangés de leurs places,

ils sont très dégradés ; il serait bien difficile d'établir les dimensions du massif de maçonnerie qui revêtait l'aqueduc; on peut cependant avoir leurs dimensions intérieures exprimées en mètres ; elles sont à peu près ainsi qu'il suit : largeur **16** centimètres ; hauteur 25 cent.

« Si l'on supposait que le quart de la hauteur fut occupé par les eaux qu'il conduisait ; que sa pente par mètre fut d'environ 1m/m et la vitesse 1m 50 cent. par seconde, la quantité d'eau cubique qu'il aurait fournie par seconde serait représentée par l'équation suivante :

0, 16 × 0,0625 × 1. 50=0,015, en mètre cube.	0,015
La quantité par minute, 0,015 × 60 =	0, 90
La quantité par heure, 0, 90 × 60 =	54, 00
La quantité par jour, 54, 00 × 24 =	1,296. 00
Et la quantité par an, 1,296, 00 × 365 =	473,040, 00

ce qui aurait suffi pour une population d'environ 2,000 âmes en supposant des fabriques, des arrosages et des fontaines d'agrément et qui aurait pu suffire à quatre ou cinq cent mille hommes qui n'en auraient usé que pour le strict nécessaire.

« De quel côté qu'il dirigeât son cours, quel que fut son volume d'eau à l'endroit où gisent les débris de cet aqueduc, ce volume était susceptible d'augmentation, car depuis St-Blaise jusqu'à la Valentounen, tout le talus du plateau occidental compris entre les étangs de Citis, de Poura, de Lavalduc et d'Engrenier est rempli de sources qu'on n'utilise qu'en partie. J'ai parcouru le talus pour y chercher des débris de l'aqueduc et m'assurer si les dimensions augmentaient en avançant vers le Sud, mais je n'ai rien pu découvrir. »

Un habitant du pays, M. Pignatel, m'a fourni des renseignements précieux dont M. Matheron eut fait certainement son profit s'il en avait eu connaissance. M. Pignatel qui peut avoir aujourd'hui de 65 ans à 70 ans m'a assuré que lorsqu'il était tout à fait enfant, il lui était arrivé bien souvent de pénétrer, en compagnie d'autres enfants de son âge, dans un souterrain en pierres d'une grande longueur dont la direction était à peu près de l'Est à l'Ouest. L'ouverture de ce conduit ayant disparu depuis longtemps, il lui serait impossible aujourd'hui de l'indiquer même approximativement.

Ne serait-ce pas là cette continuation de l'aqueduc reconnu par M. Matheron et qui aboutissait aux citernes?...

Un autre renseignement m'a été fourni par M. Monier, habitant de St-Mitre avec lequel par hazard je causai des recherches que je faisais alors dans la contrée.

M. Monier m'assura avoir vu autrefois, alors qu'on travaillait à la chaussée qui sépare le salin de Fos, dit la *Marronnéde*, de l'étang de l'Estomac, des tuyaux de pierre, en fragments plus ou moins complets. M. Monier ayant questionné un des ouvriers qui avaient coopéré à ce travail, celui-ci lui certifia qu'en effet on avait trouvé une conduite en pierre traversant l'étang dans toute sa largeur. Or, les deux extrémités s'appuyant, l'une au bas des citernes, l'autre au pied de la montagne sur laquelle se trouvait le premier camp de Marius, ne suis-je pas en droit de dire que la destination de cette conduite était d'amener une partie de l'eau contenue dans les citernes de l'autre côté de l'étang, pour le service des troupes cantonnées à cet endroit?

Je n'ai pas expliqué suffisamment quelle était la distribution probable de l'armée de Marius sur tous ces terrains; aussi vais-je dire ce qu'on peut supposer d'après les ruines de fortifications découvertes à différentes reprises.

Le camp qui comprenait les trois montagnes de Fos, de Mont-Gayet et de Castillon était forcément divisé en trois parties principales.

La première, entourée par les marais et l'étang de l'Estomac, ne laissait qu'un point ouvert au Nord; mais outre les fortifications ordinaires, il y avait un grand fossé dans lequel Marius avait détourné les eaux du fond du golfe qui est aujourd'hui l'étang de Lavalduc et ce fossé, après avoir entouré la partie occidentale du camp, venait se dégorger dans les *fosses marianes*. Il reste encore des vestiges de ce fossé dans la partie septentrionale, tout près de Lavalduc.

Le second camp se trouvait établi sur la montagne de *Gayet* ou *Mariet*; le tracé en a paru très reconnaissable et l'on peut s'en rapporter à la carte X de la Statistique du département. Mais la partie Nord ne montre pas de traces de travaux de défense. Cependant, dit M. Matheron, dans son rapport, il a dû exister sur l'isthme qui sépare l'étang d'Engrenier de celui de l'Estomac, des retranchements du camp, mais je n'ai pu découvrir aucun vestige. Probablement que les pierres en auront été enlevées pour la construction des maisons des environs. Je n'ai rien pu découvrir sur les lieux ni sur l'existence, ni sur l'époque des enlèvements.

Quant au troisième camp, la découverte en revient à M. Masse, auteur de plusieurs ouvrages intéressants sur des communes provençales. Le nom de *Castillon* qui est le même que celui de *Castellum* que porte ce plateau rend ses suppositions très probables; d'ailleurs il a retrouvé, au dessus de la Valentounen des débris d'une tour, des fondations d'un mur en pierres sèches de plus d'un mètre d'épaisseur et divers emplacements couverts de débris de poteries grossières.

« Le camp, dit M. Masse, est escarpé de trois côtés : au dessus de la Valentounen, au midi ; à l'Ouest, au dessus de l'étang d'Engrenier ; au Nord, l'escarpement est en face du Poura. D'autres escarpements se présentent sur le flanc oriental où s'étendent des murs d'une épaisseur moyenne formant une espèce de circonvallation pour défendre les abords du camp et protéger la communication avec le port de Stomalimné. »

Je craindrais en étendant davantage mon sujet de devenir fatigant ; je me hâte donc de résumer en quelques lignes ce que j'ai dit jusqu'à présent.

Les *fossés* de Marius s'arrêtaient au Galéjon ; là commençait une voie qui, passant successivement devant les trois camps, entre la terre ferme et la mer, continuait jusqu'à Marignane.

Les arcades n'ont jamais été un aqueduc.

Les citernes, alimentées par les diverses sources de la montagne orientale, communiquaient par une conduite passant sous les eaux de l'étang jusqu'au camp principal.

Défendus du côté Nord, les camps étaient desservis au Midi, par la voie de terre qui passait devant leurs fronts et à proximité de cette voie arrivaient les navires marseillais avec leurs chargements de denrées de toute nature.

Placée dans de pareilles conditions, une armée quelque considérable qu'elle fut, pouvait attendre des années entières l'approche de l'ennemi, et ce qui paraitrait impossible aujourd'hui, à l'aspect de ces localités tristes et désolées, n'était alors qu'une chose très facile, grâce à l'exécution de ces quatre principaux ouvrages : retranchements au Nord ; réservoirs au Centre ; chemin au Midi ; canal et port à l'extrémité Ouest.

Quant à l'Est, le port de Stomalimné dont je n'ai rien dit encore, mais auquel je consacre la première partie du paragraphe suivant, offrait des avantages non moins précieux que celui du Galéjon, puisque c'est là qu'arrivaient, en partie au moins, les navires chargés des approvisionnements de l'armée romaine.

V.

« Nous croyons devoir désigner sous le nom de Stomalimné, dit M. le comte de Villeneuve, non seulement l'étang dont parle Strabon et qui est appelé encore aujourd'hui

Estan de l'Estouma, mais aussi une ville *dont ce géographe ne parle pas* et dont les ruines assez considérables se voient encore sur le rivage et dans la mer, à l'endroit appelé le *Pont du Roi*, en avant de la *barre de Fos*. Ces ruines consistent en une suite de fondations de maisons dont quelques unes ont servi de bains et d'où l'on a extrait à différentes reprises des tables de marbre de Paros. La mer a atteint la dernière rangée de ces maisons et n'a presque plus rien laissé sur le rivage. On y voit pourtant encore quelques gros blocs de pierre qui ont dû faire partie des quais et des amas de briques, de pierres taillées, de fragments de granit, de porphyre, de marbre, de vases, etc. En fouillant dans ces amas, on a trouvé des médailles de Marseille, de petites statues de bronze, des ustensiles de ménage et des poteries fines. MM. Toulouzan et Négrel qui ont plusieurs fois fouillé ces ruines ont quelques uns de ces objets en leur possession; mais les ouvriers de Plan d'Aren en ont recueilli un très grand nombre qui malheureusement ont été dispersés. On doit regretter surtout une médaille d'argent de la forme de celles du Marseille qui portait, au lieu de ΜΑΣΣΑ les deux lettres ΣΤ (Stomalimné). Cette médaille trouvée avec plusieurs autres par un ouvrier a été vendue, mais M. Nuirate du Martigues qui l'avait vue certifia à M. Toulouzan que ces deux lettres s'y trouvaient.

« Lorsqu'on traverse avec un bateau la partie du golfe qui est entre ces ruines et le village, on voit dans un temps calme de longues jetées en pierres de taille et des restes de bâtiments. Il est indubitable, d'après ces faits, qu'il y avait à l'entrée de l'étang, en face de l'endroit où est Fos aujourd'hui, une ville marseillaise qui a dû être considérable et qui portait le nom de Stomalimné comme l'étang.

« La ville de Stomalimné se trouvait au rivage occidental de la presqu'île de la Lèque qui est entre le golfe de Fos et l'entrée de Bouc. Sur cette presqu'île était un *Dianium* dont il reste quelques débris au dessus de Stomalimné. Un ouvrier de Pian d'Aren y a trouvé une petite statue de bronze que le même M. Nuirate avait dans son cabinet et qui représentait Diane avec le carquois derrière le dos et le croissant sur la tête. Ce *Dianium* doit être celui dont parle Strabon, au sujet des Fosses Marianes qui se dégorgeaient dans ce canal de Marius. « Aussi les Marseillais, dit cet auteur, cherchant de toutes les manières à s'approprier cette contrée, y ont-ils fait construire des tours qui servent de signaux. Ils ont même fait bâtir un temple à Diane l'éphésienne sur un terrain auquel les bouches du Rhône donnent la forme d'une île. »

Je n'ai pas voulu tronquer cet article, pour ne pas lui faire perdre son caractère ; j'ai cependant à le critiquer sur quelques points, notamment en ce qui concerne les vestiges qui sont ou *que l'on croit être sous les eaux.* Je dirai alors en quoi consiste le peu qu'on retrouve aujourd'hui et j'y joindrai le plan que j'ai levé moi-même, pour en conserver plus que le souvenir, car dans très peu d'années il ne restera absolument plus rien.

Mais avant, laissons parler M. Matheron :

« *L'on m'a dit avoir aperçu* sous les eaux *des vestiges de maisons avec des portes et fenêtres.* On voit sur le rivage des restes de bâtiments romains qui paraissent faire suite à d'autres qui seraient enfouis sous la terre ; il y a des débris de tuiles et de poterie qui ont été roulés par la mer.

« Il y a deux pierres de taille qui, d'après la manière dont elles sont superposées, paraissent avoir soutenu l'angle d'un édifice. Il y a aussi un massif de maçonnerie qui a été roulé par les vagues. On y aperçoit l'angle d'un bain et deux morceaux de marbre dont l'intérieur était plaqué. Ce bloc a été détaché des restes auxquels on voit encore le ciment ou le mortier dont il a été construit, mais dont les marbres ont été enlevés. S'il en existe encore quelques fragments ce ne peut être que dans la partie qui est sous terre. Les deux morceaux de marbre dont il vient d'être parlé, sont placés perpendiculairement l'un par rapport à l'autre, à l'angle du bain fortement adhérents au ciment dont on n'a pu enlever ce qui manque qu'en fragments. Enfin, l'on voit des urnes, des parquets, un reste de bains et des restes d'autres bâtiments dont je ne saurais indiquer l'usage. Ces vestiges sont d'une part déchirés par les vagues et de l'autre enfouis sous terre. »

Je reprends la plume pour dire qu'on doit renoncer à l'espoir de retrouver des fondations quelconques dans les terrains qui avoisinent les murs baignés par la mer. Le sieur Sontonac de Port-de-Bouc, propriétaire de ce terrain, m'a assuré qu'il y a peu d'années, lorsqu'il fit construire la maison de campagne qui repose pour ainsi dire sur les murailles romaines, on ne trouva *rien* quoiqu'on eut remué le sol jusqu'à une certaine profondeur. Bien plus, il fit défoncer le terrain, tout entier, pour y faire une plantation de vignes et, à l'exception de quelques monnaies très frustes qui ont été perdues presque aussitôt que retrouvées et de quelques fragments de briques, rien absolument n'attira l'attention des travailleurs.

Quant aux vestiges que l'on voit sous les eaux, il faut croire que ceux qui les ont vus avaient de bien meilleurs yeux que moi, et cependant il ne s'agit point d'avoir des yeux de lynx pour apercevoir de pareils objets à une profondeur de un à deux mètres tout au plus, car toute la côte sur ce point a très peu de profondeur. Comment croire d'ailleurs que les flots ont laissé subsister si longtemps *des maisons ayant portes et fenêtres* et que les sables si envahisseurs, dans le golfe de Fos, ne les ont pas encore entièrement couvertes ?

Ce que j'ai vu, en 1856, consistait en très peu de cho

ses et je transcris la note au crayon que j'écrivis sur les lieux mêmes dans une de mes nombreuses périgrinations sur la plage de l'*Ourse*.

Les pierres des murailles, *petit appareil*, sont reliées entr'elles par du béton.

Il n'y a que deux blocs de pierre volumineux, superposés.

Une partie des murs est enduite de ciment rouge.

Immédiatement au dessus des pierres repose une couche épaisse de ciment grossier.

Un cordon de briques est placé à une hauteur de 50 centmètres au dessus du sol; les murs, à l'endroit où ils sont le mieux conservés, ont une hauteur totale de deux mètres environ.

Des fragments nombreux de briques à rebords, de marbre blanc, gris et vert; des anses d'urnes et d'amphores jonchent le sol.

Ces débris datent évidemment de l'époque romaine et s'il est vrai que les marseillais aient fondé la ville de Stomalimné, ce qui en reste prouve que les romains y avaient fait bien des changements.

Enfin, un seul coup d'œil suffit pour faire reconnaître que le mur de clôture et la maison de campagne bâtis depuis peu de temps au dessus de ces ruines ont été construits avec les matériaux arrachés à ces mêmes ruines.

Je crois devoir compléter ce mémoire par une sorte de nomenclature des ruines diverses trouvées dans un périmètre restreint, mais je ne les citerai qu'autant que je les croirai bien romaines. Mon but, en signalant ces vestiges, est de donner la possibilité aux archéologues qui pourraient venir sur les lieux d'établir une nouvelle topographie ancienne, s'ils n'étaient pas satisfaits de celle que j'ai présentée.

Fos. — Bien que ce village soit une forteresse féodale, il

est probable que les premières fortifications datent du séjour de Marius. M. Matheron qui a étudié attentivement les trois enceintes n'hésite pas à dire que les bases des principales tours sont bien de construction romaine.

St-Gervais. — Il y a autour des ruines de St-Gervais sur la plage et parmi les monticules formés par les *marrouns*, des débris de tuiles, de briques et de poteries parmi lesquels on voit des morceaux d'amphores et autres vases ; des fragments de cônes solides dont la hauteur devait être d'environ 40 centimètres et le diamètre de la base 12 centimètres. Ces débris très abondants au nord de la pointe deviennent plus clairsemés à mesure que l'on s'en éloigne ; mais on en voit encore à cinq cents mètres du côté de l'ouest et à plus de mille du côté de l'est ; il y en a même jusqu'au Pont du Roi ; mais les morceaux sont très petits et leur cassure arrondie par le frottement que l'agitation des vagues leur a fait subir.

Pont du Roi et Canaux. — M. Matheron reconnut dans une de ses tournées que le *Pont du Roi* lui-même était de constrution romaine. Malheureusement, ce pont ayant été détruit, lors des travaux du canal d'Arles, la tradition seule a conservé le nom à l'emplacement sur lequel il se trouvait.

Les romains avait établi des communications entre les divers étangs qui sont complètement isolés ou desséchés aujourd'hui.

« L'étang desséché de Magrignane, dit M. de Villeneuve, communiquait par un canal avec l'étang de Berre. On trouve encore des restes de ce canal aux environs de la ferme de Figueirotte. Cet étang dont l'étymologie est *Marii stagnum* s'étendait jusque dans les vallées du domaine de Courtine et ses rivages étaient bordés de *villæ* et d'établissements romains. »

« Vers 1780, dit le même auteur, dans un autre endroit de son ouvrage, M. de Charleval, propriétaire de l'étang de

Poura, entreprit de le dessécher. Il fit percer à cet effet un canal qui en porte les eaux dans l'étang d'Engrenier. En creusant la colline on trouva un canal ancien en grosses pierres taillées renfermant une voûte assez large et assez haute pour y laisser passer un petit bateau. Il parait même que ce canal était un ouvrage des marseillais; car on fait dériver le nom de Poura du mot grec πορος qui signifie *canal.* »

L'etymologie pourrait bien ici avoir induit M. de Villeneuve en erreur; car je lis dans le rapport plusieurs fois cité de M. Matheron :

« Le canal qui conduit les eaux du Pourra dans Engrenier est bien de construction romaine. Il a environ 725 mètres de long; la différence de niveau d'un étang à l'autre est de 76 centimètres. »

Quant à la communication que M. de Villeneuve prétend avoir existé entre le golfe de *Stomalimné* et le port de *Bouc*, il y a à la révoquer complétement en doute. Cette communication n'était possible qu'au moyen d'une tranchée énorme et certes, on l'aurait facilement retrouvée, lorsqu'on a ouvert à travers la montagne, le canal actuel d'Arles à Bouc.

Retranchements. — Au Sud du plateau du 2e camp de Marius (Mont-Gayet) sont des vestiges de murailles qui sembleraient avoir été des retranchements. Ces vestiges sont très détériorés, alternativement visibles et enfouis. En parcourant le bord oriental du plateau dont les vestiges bordent l'ouest et le sud, on voit deux morceaux de pierres et de terre qui sembleraient être des ruines de tours. Il y a une pièce enterrée, bâtie en mortier romain, dont la longueur intérieure de l'est à l'ouest est de trois mètres; l'épaisseur des murs latéraux est de 1m,45. Elle est couverte du côté du Nord et paraît tenir à d'autres bâtiments qui seraient couverts par un tas de pierres, débris de bâtisse et de terre, agrégés de chênes kermès.

Vases. — A soixante mètres O. N. O. de la chapelle de St-Blaise, il y a un petit tertre de roc calcaire coquiller qui paraît en partie avoir été taillé. Sur le penchant, en avançant vers la chapelle, sont enfouis deux vases qu'on aperçoit difficilement; l'un est placé verticalement, l'autre est couché horizontalement. Ils sont formés de petites briques jointes ensemble avec un fort ciment mastic.

Villa et Glacière. — Entre les arcades et l'étang d'Engrenier au Sud de la *Bastide* dite *Engrenier*, on voit des fondations d'un bâtiment circulaire dont le diamètre intérieur est de trente-huit mètres; l'épaisseur des murs de cinquante centimètres, et leur hauteur au dessus du sol de trente centimètres; l'intérieur est rempli de terre.

Autour et derrière on voit d'autres vestiges de murailles anciennes, ainsi que sous l'emplacement de la maison de campagne. Tout près et derrière est un bâtiment probablement romain qui passe pour avoir été une glacière; il est circulaire et couvert par une voûte sphérique. L'épaisseur des murs est de soixante centimètres; leur élévation au dessus du sol est d'un mètre; celle de la calotte au dessus du mur est de deux mètres. Cette glacière dont le diamètre intérieur est de six mètres, est creusée à une profondeur de trois mètres sur une petite éminence de craie. On descendait par un petit bâtiment carré de même construction contre laquelle il est appuyé à l'est.

A cinquante mètres environ, dans la même direction, est un petit champ dont le mur de clôture est composé de pierres exactement semblables à celles qui sont éparses autour de la chapelle de St-Blaise.

Puits et réservoirs. — Les *Bastides* connues sous les noms d'*Attenoux* et de *Valentounen* ont toutes deux des puits et des réservoirs qui portent des traces de vétusté bien reconnaissables. J'ose même dire que le réservoir d'Attenoux aussi bien que celui de la Valentounen, situé dans le jardin de la

Mèrindole, sont des ouvrages romains. La solidité de la maçonnerie, un certain nombre de pierres taillées, des traces de ciment, enfin cet ensemble d'antiquité qui frappe au premier abord m'ont donné une conviction qu'il serait difficile de combattre avec succès. Les deux sources qui se perdent immédiatement dans les terres, surtout celle de l'*Attenoux* seraient précieuses pour ce quartier si on savait les utiliser.

Il n'y a pas lieu de croire que ces sources aient jamais été amenées jusqu'aux citernes de *Mont-Gayet*. Des propriétaires de l'endroit qui connaissent ces terrains dans leurs moindres détails n'ont jamais rien vu qui ait pu leur faire soupçonner l'existence de conduites quelconques.

Mérindole. — L'étymologie du nom de cette ferme située à mi-côte, à quelques centaines de mètres des arcades, est-elle bien *Marii Dolium*, réservoir de Marius, ou bien *Merindad*, mot espagnol signifiant, seigneurie, commandement ? — J'inclinerais très probablement pour la première si, comme l'auteur de la Statistique du département, je voulais trouver sur ce point un vaste réservoir destiné à recueillir les eaux qui se dirigeaient vers les citernes, par ces mêmes arcades. Mais j'ai d'autant moins besoin de retrouver ce réservoir que je suis persuadé, ainsi que je l'ai suffisamment dit, que les arcades n'ont jamais servi d'aqueduc. Je me suis livré cependant à la recherche de ce réservoir, et je dois avouer que je n'ai rien trouvé de pareil, car il me répugne de supposer que ce réservoir est justement celui dont j'ai parlé à l'article précédent. Je dois ajouter que l'examen des murs et des tours de la Mérindole donne bien plutôt l'idée d'une demeure féodale du XIIIe au XIVe siècle que d'une construction romaine et il me semble assez rationnel de penser que cette ferme a été bâtie à l'époque de l'arrivée ou du séjour des princes de Barcelonne en Provence. Dans ce cas, le nom de *Merindad* dirait suffisamment quelle a été la destination primitive de cette métairie.

Puisque j'en suis sur le mot de Mérindole, et bien que je croie mieux que personne à la station de Marius sur ce point, je n'adopte pas la décomposition de tous les mots dans lesquels on peut trouver plus ou moins defiguré le nom de Marius. Le mot de Mérindole n'emporte pas nécessairement cette origine pas plus que celui de *Marronède*, nom de la plage située entre la mer et l'étang de l'Estomac. Je m'y étais laissé prendre tout d'abord, mais mes idées se sont subitement modifiées quand j'ai appris que le *Marroun* est le nom vulgaire de ce jonc, qui prospère dans toutes les sables de la contrée et forme une multitude de petits monticules qui résistent à la violence du vent aussi bien qu'au débordement des vagues de la mer.

J'ajoute qu'il y a dans les départements de la Drôme et de Vaucluse deux villages appelés *Mérindol*; mais loin de traduire le mot par ceux de *Marii dolium* on l'a expliqué par ceux de *merens dolium*, soit, en prenant le contenant pour le contenu: *bon vin*.

Si l'on veut absolument me prouver qu'il y a du Marius dans la Mérindole, je répondrai que c'est peut-être le restant des deux mots: *Marius indoles* ou *Marii indolium* que je traduirai par *paresse ou repos de Marius*. Un séjour de plusieurs années justifie assez bien cette indolence.

Tombes — Vers 1814, on découvrit des tombes portatives à la tête desquelles il y avait une pièce de monnaie. De pareilles tombes existent dans l'enceinte du camp retranché et d'autres tout près du Pont du Roi.

Quelques années plus tard, à une centaine de mètres S. O. des arcades, on mit à jour deux tombeaux en pierre d'inégale dimension contenant des squelettes. Après qu'on eut *jeté* les ossements (fait renouvelé très souvent sur bien des points de la France et qui prouve combien le respect pour les dépouilles de nos semblables se montre rarement chez les gens de la campagne,) on enleva le plus grand de ces tombeaux et on le plaça à la fabrique de Plan d'Aren, où il sert d'abreuvoir; l'autre, ayant 1 mètre 95 de long sur 68 centimètres de large se rompit au moment de l'enlèvement et fut abandonné sur place. Un troisième tombeau de même forme, mais plus petit, existe à quelques pas de la Mérindole.

Le sieur Martin Cambe, propriétaire du quartier des Arcades, qui m'accompagna un jour dans une de mes promenades archéologiques, m'assura avoir trouvé à plusieurs reprises un grand nombre de squelettes, entourés de pierres plates posées de champ et les pieds tournés vers l'Orient, la main gauche placée le long du corps, la droite posée sur la poitrine. Il n'a jamais remarqué qu'ils fussent accompagnés d'urnes ou de coupes; au moindre contact les ossements tombèrent en poussière. Tous ces squelettes étaient au pied de la Mérindole.

Je manque peut-être à mon programme en parlant de ces dernières tombes qui pourraient bien être postérieures de trois ou quatre siècles à Marius, si je m'en rapporte aux termes d'un mémoire, signé Pellieux, qui se trouve consigné dans le recueil de l'Académie Celtique.

« En fouillant à une certaine profondeur on a trouvé les ossements de plusieurs cadavres rangés sur la même ligne et dont les pieds étaient tournés vers l'Orient. Il est probable qu'ils étaient renfermés dans des cercueils de bois que le temps à détruits.

« Cette espèce de cimetière date évidemment de l'époque chrétienne et il est difficile d'assigner une époque certaine; on peut cependant le faire remonter au troisième ou au quatrième siècle au plus tard. Nous ne nous hazarderons pas à lui donner une plus haute antiquité, car il est reconnu que les chrétiens étaient les seuls qu'on enterrait les pieds tournés vers l'Orient. Longtemps il fut d'usage de mettre à la tête des morts, en les inhumant, des pots renfermant du charbon, de l'eau bénite et de l'encens ; mais nous ignorons si, pour ce qui concerne les localités dont nous nous occupons, de pareils objets ont été trouvés auprès des ossements. »

Ce qui pourrait faire supposer que les squelettes trouvés auprès de la Mérindole étaient antérieurs à cette époque, c'est qu'ils étaient couchés tout auprès de cette voie romaine dont j'ai parlé assez longuement, et tout le monde sait que les romains enterraient les leurs justement à proximité des routes et des chemins fréquentés.

Je pourrais donner à ce mémoire une étendue beaucoup plus considérable, si je voulais parler de *Maritima Avaticorum* dont les ruines sont à proximité de la chapelle de St-Blaise, mais on ne manquerait pas de trouver le voyage peu récréatif, quoique la distance de *Fossæ Marianæ* à *Maritima* ne soit pas grande. C'est ce qui me détermine à quitter mon lecteur à ces mêmes *Fossæ* que j'ai taché de lui faire connaître.

FIN.

TABLE.

(Extrait du Répertoire des travaux de la Société de statistique de Marseille.
Tome XXVII, année 1864).

Marseille — Typ. Roux, rue Montgrand, 12

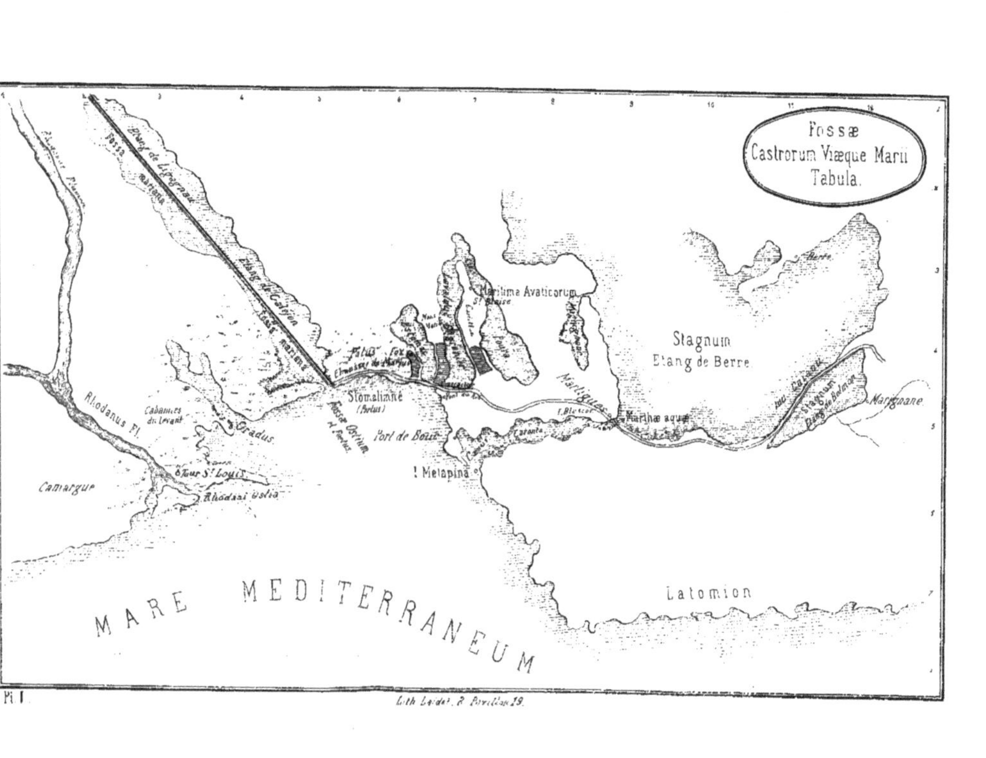

Pl I.

Lith Leidse R. Pavillon 19.

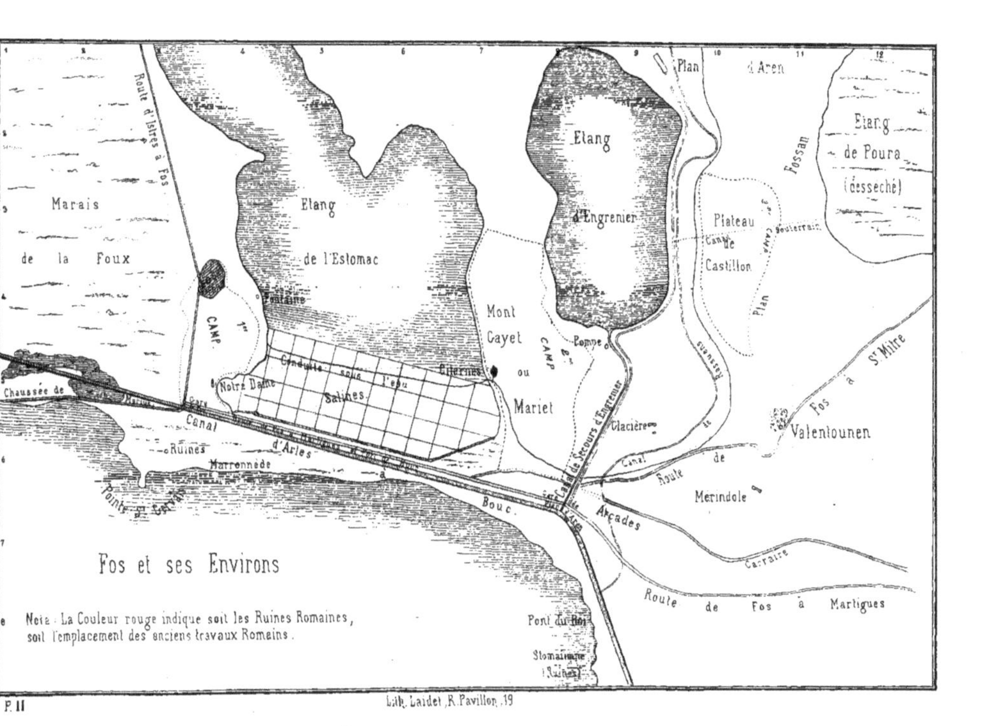

P. II

Lith. Laidet, R. Pavillon, 19

Plan des Ruines de Stomalimné

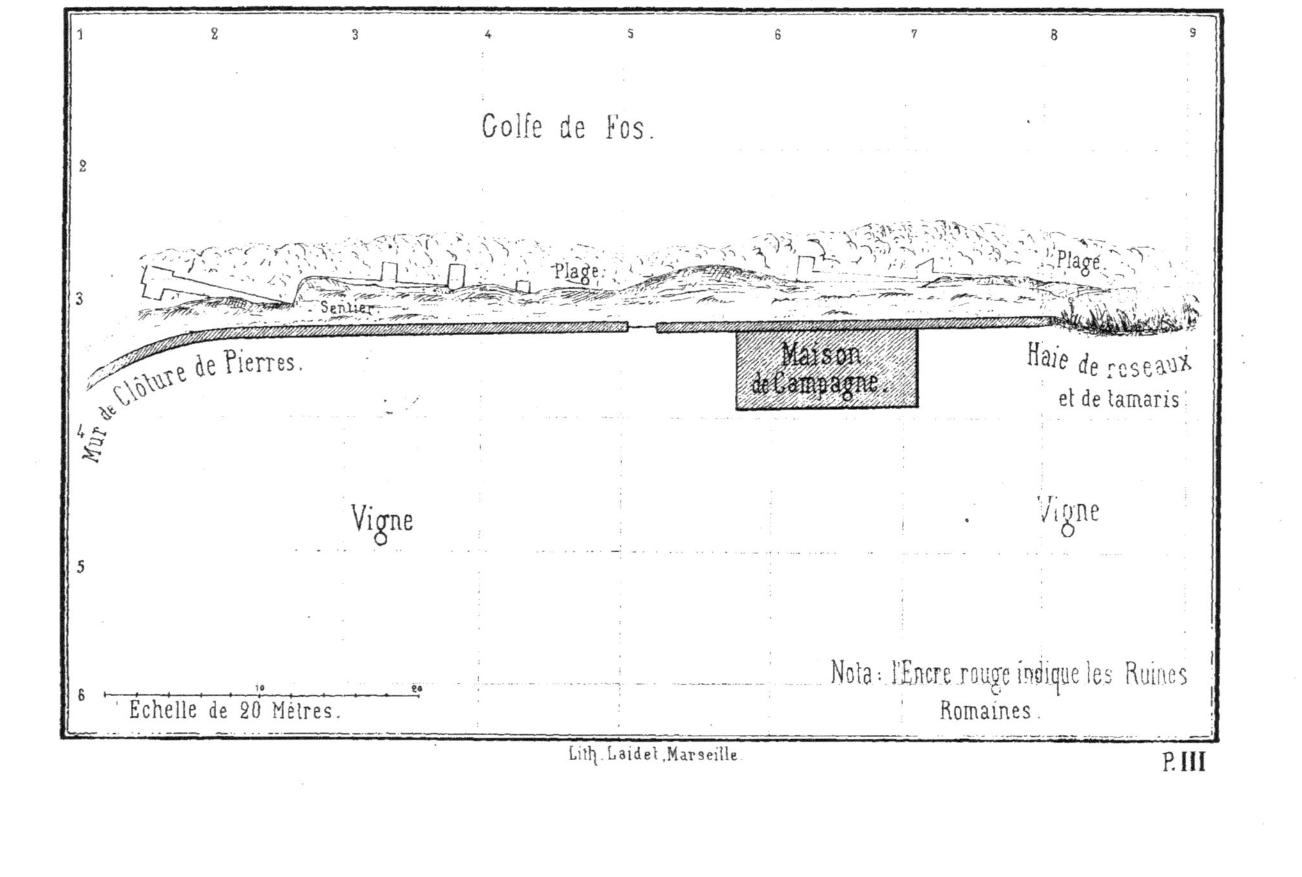

Lith. Laidet, Marseille.

P. III

www.ingramcontent.com/pod-product-compliance
Lightning Source LLC
LaVergne TN
LVHW011957160826
845678LV00002B/592

* 9 7 8 2 3 2 9 6 8 3 1 4 0 *